AF259595

PUBLICATIONS DE *LA FRANCE COMMERCIALE*

DEUX INSTITUTIONS

A

INTRODUIRE EN ALGÉRIE

(Act Torrens et Homestead)

CONFÉRENCE FAITE A ORAN

Devant le Congrès de l'Association française pour l'avancement des sciences

PAR

Léon DONNAT

Membre du Conseil municipal de Paris et du Conseil général de la Seine

PARIS

AUX BUREAUX DE *LA FRANCE COMMERCIALE*

97, RUE DENFERT-ROCHEREAU

—

1888

DEUX INSTITUTIONS

A INTRODUIRE EN ALGÉRIE

(Act Torrens et Homestead)

DEUX INSTITUTIONS

A

INTRODUIRE EN ALGÉRIE

(*Act Torrens* et *Homestead*)

CONFÉRENCE FAITE A ORAN

Devant e Congrès de l'Association française pour l'avancement des sciences.

PAR

Léon DONNAT

Membre du Conseil municipal de Paris et du Conseil général de la Seine

PARIS

AUX BUREAUX DE *LA FRANCE COMMERCIALE*

97, RUE DENFER-ROCHEREAU

—

1888

DEUX INSTITUTIONS

A INTRODUIRE EN ALGÉRIE

(Act Torrens et Homestead)

MESSIEURS,

Je viens vous entretenir de deux institutions qui ont subi le contrôle de l'expérience et dont l'application serait, à mon sens, très favorable à la colonisation algérienne. La première, que M. Yves Guyot a fait connaître en France et adopter en Tunisie, est originaire de l'Australie ; elle est connue sous le nom d'*Act Torrens*. La seconde, que j'ai depuis douze ans recommandée à l'attention de nos législateurs, a pris naissance aux États-Unis ; on l'appelle loi de *Homestead*. L'une et l'autre se sont propagées ou sont à l'étude en d'autres contrées que leur pays d'origine ; l'adoption n'en serait nulle part plus utile que dans nos provinces d'Algérie.

I

Parlons d'abord de l'Act Torrens. Voici en quoi consiste cette loi (1).

Vous voulez placer votre propriété sous le régime Torrens ; vous en faites faire le bornage et dresser le plan ; vous envoyez ce plan, ainsi qu'une description et vos titres de propriété, au bureau de l'enregistrement. Des hommes de loi spéciaux les examinent, comme s'ils devaient acheter l'immeuble. Ils rédigent ensuite des annonces qu'ils font insérer dans les journaux ou qui sont commu-

---

(1) Voir *La politique expérimentale*. Bibliothèque des sciences contemporaines. Reinwald, éditeur, 1885.

niquées aux propriétaires voisins, ainsi qu'à tous les ayants droit connus. Si des oppositions sont formées contre votre demande d'immatriculation, vous faites trancher le différend à vos frais par les tribunaux.

Aussitôt que vos droits sont devenus bien clairs, soit par suite d'une décision judiciaire, soit parce qu'ils n'ont pas été contestés dans le délai voulu (six mois, par exemple), le bureau inscrit sur un registre à souche le titre de votre propriété avec plan à l'appui. Il énumère sur ce titre toutes les charges dont la propriété est grevée, telles que hypothèques, hypothèques légales, baux et servitudes. Il vous le remet ensuite, après l'avoir détaché de la souche, ainsi qu'un double ou une photographie du plan. Votre bien est placé sous le régime de l'Act Torrens.

A partir de ce moment, l'administration vous en garantit la propriété contre toute réclamation ultérieure. S'il s'en produit, elle soutient le procès, et, en cas de condamnation, elle dédommage elle-même en argent les parties lésées. En raison de cette garantie qu'elle procure, l'administration perçoit un droit d'assurance de 2 p. 1000 sur la valeur de la propriété. L'expérience a prouvé que ce droit était plus que suffisant; car, dans la Nouvelle-Galles du Sud, de 1861 à 1870, il n'y a pas eu une seule réclamation accueillie par les tribunaux.

Les avantages du système Torrens sont faciles à saisir. Il donne toute sécurité au propriétaire, certain désormais de n'avoir à soutenir aucun procès relativement à la possession, au bornage, aux servitudes de sa terre. Il rend la transmission des biens plus facile, puisque l'acquéreur n'a aucune crainte sur la validité des droits qu'il achète. Avec le régime Torrens, il n'existe pas d'hypothèques générales ou occultes; il n'y a que des hypothèques spéciales et publiques.

La loi dont je vous fais l'exposé a une portée plus grande encore. Il semble que notre Code civil ait eu pour objectif d'immobiliser la propriété foncière, tant il en a rendu compliquées et coûteuses l'aliénation et l'hypothèque. De tels arrangements sont en opposition avec le caractère moderne de la fortune ; ils sont surtout gênants dans les pays de colonisation, dans les défrichements nouveaux, là où les chances de succès de l'émigrant se mesurent à la liberté dont il jouit.

Avec l'Act Torrens, le transfert de la terre est aussi aisé que celui des titres de rente nominatifs. Pour opérer cette transmission, vous n'avez qu'à endosser votre titre au nom du nouveau propriétaire et à faire enregistrer la mutation. Les parties donnent leur signature devant un officier public quelconque qui certifie leur identité ; le titre est adressé par la poste au bureau d'enregistrement, où l'on examine s'il n'est pas frappé d'opposition. Si les choses sont en règle, il est renvoyé au nouveau propriétaire revêtu du timbre de transfert.

La division de la propriété s'opère avec la même facilité que la transmission intégrale : il suffit de remplacer le titre et le plan annexé par autant de titres et de plans qu'il existe de parties prenantes.

Quant à l'emprunt hypothécaire, il se constate par une simple inscription au dos du titre. Si cet emprunt n'est que temporaire, s'il s'agit par exemple, pour un paysan, de se procurer de l'argent entre deux récoltes, il peut même s'opérer sans publicité, sans frais et avec une sécurité complète pour le prêteur. Dépourvu de son titre, le propriétaire ne peut ni aliéner, ni hypothéquer son bien ; il donne une garantie suffisante à son créancier en déposant cette pièce entre ses mains jusqu'à l'époque du remboursement.

Le système Torrens remplace l'enregistrement des contrats par l'enregistrement des titres de propriété. Ceux-ci acquièrent une sorte d'individualité. Un compte courant leur est ouvert par le bureau d'enregistrement ; les emprunts, les baux et autres charges sont inscrits sur la souche ainsi que sur le certificat, et ces doubles inscriptions doivent toujours se correspondre. Il suffit d'un coup d'œil pour connaître la situation d'un bien quelconque, comme il suffit d'un regard jeté sur un bilan pour connaître la situation d'un banquier.

Les frais d'enregistrement sont très minimes, insignifiants même, à côté de ceux qui grèvent la propriété en France. Dans l'Australie du Sud, les droits à payer pour placer une terre sous le régime Torrens varient entre un minimum de 2 fr. 50 et un maximum de 25 francs. Quant à la transmission, tout acte de transfert, d'hypothèque ou de location ne coûte qu'un droit fixe de 12 fr. 50. En France, les frais d'achat s'élèvent à 10 % de la valeur de la propriété, qui est ainsi absorbée en dix échanges par le fisc et les officiers ministériels.

L'Act Torrens n'est pas obligatoire en Australie. Chacun est libre de laisser ses biens sous le régime des anciennes lois. Mais les avantages du système ont été jugés tels, que la plupart des propriétaires l'ont spontanément adopté ; d'ailleurs tous les acquéreurs, tous les prêteurs sur hypothèques exigent, pour leur sécurité personnelle, avant d'acheter une terre, ou d'avancer de l'argent sur sa valeur, que le titre en soit enregistré.

Si le système Torrens est apprécié, comme je viens de le dire, dans son pays d'origine, combien plus grands encore en seraient les avantages pour notre colonie algérienne !

La propriété arabe se divise, vous le savez, messieurs, en deux catégories distinctes : les terrains *melk*, c'est-à-dire la propriété privée ; les terrains *sebga* ou *arch*, c'est-à-dire la propriété collective. En territoire arch, les propriétaires ne sont qu'usufruitiers du sol et ne peuvent aliéner ; en territoire melk, l'article 10 de la loi du 16 juin 1851 reconnaît l'inviolabilité de la propriété privée, sans distinguer entre les possesseurs indigènes et les possesseurs européens.

Mais cette inviolabilité n'existe que si la possession est régulière, et c'est ici que la difficulté commence. C'est ici qu'il est dangereux pour l'émigrant d'acquérir et qu'il lui est difficile d'emprunter. On ne peut se figurer, en effet, quel degré de division atteint la propriété melk ; il ne saurait être comparé qu'à celui qui existe en Kabylie, où M. Camille Sabatier, député d'Oran, alors juge de paix à Fort-National, était invité par un indigène à constater légalement qu'une grosse branche de figuier regardant le nord était sa propriété personnelle.

On pourrait citer en Algérie un grand nombre de biens dont la contenance est à peine de quelques hectares et qui appartiennent à plus de cent propriétaires, parmi lesquels des veuves ayant hérité d'une quote-part infime dans la succession de leur mari. Ces veuves se remarient et laissent, à leur mort, le quart de leur succession à leur second époux, qui transmet à son tour ses droits à des enfants de plusieurs lits. Aussi le nombre des propriétaires augmente-t-il si rapidement que la part de chacun d'eux n'est souvent représentée que par quelques centimètres carrés : on nous a signalé, dans le douar de Kalaa, une femme dont la quote-part était de deux centimètres seulement.

Si un Européen veut acheter dans de telles conditions, comment pourra-t-il réunir tous les co-propriétaires qui, d'après la loi française, doivent figurer à l'acte ? Parmi ceux qui n'auront pas dix centimes à toucher sur le prix de vente, combien y en aura-t-il qui consentiront à se déranger pour se présenter devant le notaire ? Et, s'il y a des mineurs, est-ce que la propriété pourra supporter les frais de licitation? Certaines licitations, dans lesquelles étaient intéressés 100, 200, jusqu'à 441 ayants droit, ont coûté 5,000, 6,000, 12,000 francs, par suite des jugements de défaut profits-joints, des significations à toutes les parties, etc.

Si nous ajoutons à toutes ces entraves le droit de *chefaa*, qui permet au co-propriétaire du vendeur de racheter la propriété familiale et d'en exclure tout étranger, nous comprendrons combien il est dangereux parfois pour nos colons d'acquérir la propriété d'un indigène.

L'identité de cet indigène est d'ailleurs aussi difficile à constater que les droits inhérents à son bien : presque tous les Arabes s'appellent Mohammed, Abd-el-Kader ou Ali. Si vous demandez l'état hypothécaire de Mohammed, le conservateur vous donnera l'état hypothécaire de tous les Mohammed de son arrondissement. Comment se reconnaître en un tel fouillis?

Qu'on applique l'Act Torrens, que chaque parcelle de terre soit immatriculée, que les droits qui la grèvent soient inscrits à la souche, toutes ces difficultés inextricables s'effacent comme par enchantement. Peu vous importent les contrats qui ont pu intervenir; vous n'avez pas à en rechercher l'existence, en remontant jusqu'à trente années en arrière; vous n'avez pas davantage à en vérifier la validité; vous n'avez devant vous qu'un titre régulier avec son numéro matricule; c'est ce titre que vous achetez et dont la possession assure vos droits; c'est sur ce titre que vous empruntez.

L'usure est la plaie du propriétaire algérien. Il n'emprunte guère à moins de 10 p. 100, quelquefois à 20 et au-dessus. L'opinion s'émeut à bon droit de ces charges écrasantes qui pèsent sur la culture et sont une pierre d'achoppement pour la colonisation française ; elle juge sévèrement les prêteurs d'argent qui se livrent à ce honteux trafic, ruinant l'un après l'autre les colons européens, et concentrant avec avidité dans leurs mains rapaces la propriété indigène. Chaque jour éclosent de nouveaux projets faisant appel à l'intervention et au crédit de l'État pour remédier au mal que l'on déplore. Ce n'est pas un tel chemin qui peut mener au but : il est arrivé maintes fois que les institutions officielles de crédit ont déplacé l'usure sans la guérir.

L'institution salutaire n'est pas à découvrir, encore moins à inventer; c'est un fruit déjà mûr qu'il suffit de cueillir sur l'arbre qui l'a porté. L'Européen ou l'indigène qui veut contracter un emprunt n'a qu'à placer son domaine sous le régime Torrens. Tandis qu'aujourd'hui il est obligé de courir après le banquier ou le juif ; tandis qu'en raison des circonstances que nous avons décrites, le prêt est souvent une spéculation, et une spéculation hasardeuse dont il faut payer les risques ; tandis que les fonds ne sauraient être obtenus que dans une zone étroite, autour du bien qui les doit garantir, le titre mobile, certifié conforme à la souche par le bureau d'enregistrement, ira puiser l'argent aux sources abondantes. Il trouvera toûjours des caisses toutes prêtes à le recevoir ; si elles se ferment à Oran, elles s'ouvriront à Alger, à Constantine, à Marseille, à Paris ou ailleurs. Débarrassé des formalités coûteuses de l'hypothèque, portant sa garantie dans un certificat authentique, l'emprunt ne sera plus en quelque sorte qu'un report sur titre coté. La loi de l'offre et de la demande, qui écrase aujourd'hui de toute sa rigueur l'emprunteur aux abois, lui sera généralement favorable ; car il ne saurait exister pour les capitaux de placement plus commode et plus sûr. Pour organiser le crédit colonial, il n'est pas nécessaire d'avoir recours à une réglementation compliquée ou à de nouveaux établissements d'État ; il suffit que les colons puissent profiter librement d'une institution bienfaisante, dont les avantages ne sont plus à démontrer.

On nous dira sans doute : mais nous avons la loi du 26 juillet 1873 qui confie à l'administration le soin de cadastrer les propriétés et, d'en délivrer les titres. L'application partielle de cette loi a déjà coûté 8 à 10 millions ; elle est loin d'avoir produit les résultats attendus. Elle a rencontré de grands obstacles, souvent insurmontables, dans l'indivision dont nous avons parlé plus haut. Elle en a rencontré également dans l'absence d'état civil des indigènes ; on est obligé de recourir à grand'peine et avec beaucoup d'incertitude aux actes de notoriété des cadis. Le travail d'enquête laisse aussi beaucoup à désirer : la délimitation des propriétés a été tracée maintes fois par les géomètres sur de simples renseignements pris à la légère ; on a cité en outre des indigènes auxquels plusieurs noms patronymiques ont été attribués, et dont les appellations changent ainsi quand on change de douar ou de tribu. Se figure-t-on chez nous un propriétaire inscrit aux hypothèques sous un nom différent pour chacune de ses propriétés ! Tel est pourtant le cas en Algérie.

On prétend qu'un très grand nombre de dossiers d'enquête ont été ainsi reconnus défectueux et recommencés, de telle sorte que le travail a été fait et payé deux fois. Et quel travail ! quelles complications! Le procès-verbal du commissaire-enquêteur est rédigé en sept expéditions avec une foule de documents annexés. Ce procès-verbal renferme souvent des milliers de pages in-folio ; est-il donc surprenant que les titres soient délivrés aux indigènes au moins deux ou trois ans, quelquefois sept ou huit ans, après que l'œuvre du commissaire-enquêteur est terminée, et alors que la propriété a presque complètement changé de mains ?

La délivrance des titres, d'après la loi de 1873, est encore rendue inutile par les ventes verbales. Les frais de contrat seraient quelquefois supérieurs à la valeur de l'immeuble ; aussi arrive-t-il souvent que l'Arabe achète sur parole, paie en présence de témoins, reçoit le titre primitif des mains du vendeur et entre en possession. Les titres se rapportent ainsi à des individus qui ont cessé d'être propriétaires.

Il existe deux différences essentielles entre la loi de 1873 et l'Act Torrens. D'une part celui-ci est facultatif ; d'autre part, il supprime tous les contrats et les remplace par l'enregistrement du titre et de ses modifications. L'administration n'a pas à se livrer à des opérations dispendieuses et souvent mal conduites ; c'est l'intéressé, c'est l'emprunteur qui les fait à ses frais et qui est obligé de les faire bien, quand il a besoin d'y avoir recours : l'état civil de la propriété et du propriétaire se dressent en même temps, sans qu'il en coûte rien au trésor public. Enfin chaque mutation, pour être valable, doit être inscrite sur la souche du certificat, de telle sorte qu'une concordance rigoureuse existe sans cesse entre le possesseur et la chose possédée.

Nous avons dit que la loi Torrens a subi le contrôle de l'expérience. Il eût été plus exact de dire qu'elle a pris naissance et s'est propagée par la méthode expérimentale. Promulguée pour la première fois, en 1858, dans l'Australie méridionale, elle s'est répandue, par imitation spontanée, dans les autres colonies australiennes : dans Queensland, en 1861 ; dans Victoria et dans la Nouvelle-Galles, en 1862 ; dans l'Australie occidentale en 1874. En dehors de l'Australie, la Tasmanie se l'est appropriée en 1863, la Nouvelle-Zélande en 1870, et, en 1870 également, une des provinces du Canada, la Colombie britannique ; elle est en vigueur aux îles Fidji ; je l'ai vue appliquée aux États-Unis dans l'État d'Iowa ; elle a été introduite en 1885 en Tunisie, mais avec des complications regrettables.

Si l'Australie, les États-Unis, le Canada ne possédaient pas une constitution politique leur permettant de recourir aux essais que procure la législation séparée, si l'on considérait en ces pays l'uniformité de législation comme un dogme sacré, l'Act Torrens serait encore à naître. Il s'est trouvé, il y a un quart de siècle, à Adélaïde, un *registrar general*, honoré pour son caractère et pour son mérite; il a conçu une pensée féconde (1); il a fait partager son opinion à ses voisins, et la législature de la colonie a permis l'essai facultatif de son système.

Ce même homme aurait-il exercé la même influence sur l'ensemble des colons australiens? Inconnu du plus grand nombre, eût-il réussi à les convaincre? Aurait-il obtenu d'une législature unique, siégeant à Melbourne ou à Sidney, loin de sa résidence et de son action, que son idée fût appliquée d'emblée à tout le continent? Très probablement, non. La législation séparée a permis l'expérience; elle a rendu simple et claire la constatation des résultats; le reste est venu tout seul.

Un tel exemple est à méditer. Certains légistes s'opposent à l'introduction en Algérie de l'Act Torrens, sous prétexte qu'il faudrait l'appliquer également à la métropole et qu'il y présenterait des inconvénients réels. Pourquoi de semblables préoccupations? Pourquoi vouloir concilier étroitement la législation algérienne avec nos Codes? Si l'état où se trouve la propriété arabe, si les difficultés qui en résultent pour la colonisation créent à l'Algérie des circonstances particulières, pourquoi ne pas y faire l'essai d'un régime légal particulier? Pourquoi maintenir l'uniformité de loi, là où règne la diversité des conditions? Et si l'on redoute les effets d'une expérience trop vaste, pourquoi ne pas la tenter seulement dans l'une des trois provinces?

Nous voudrions plus encore. Une commission, instituée par le gouverneur général de l'Algérie, a préparé un projet de loi sur le régime de la propriété foncière. Ce projet compte déjà plus de deux années d'existence; il n'est pas arrivé au Parlement. Combien s'écoulera-t-il d'années encore avant qu'il ait été discuté, amendé, compliqué peut-être, par la Chambre et par le Sénat? Il serait si simple de reconnaître à l'Algérie le droit de légiférer en pareille matière, le gouvernement français se réservant le droit de veto, comme le fait le gouvernement anglais à l'égard de l'Australie. Il n'y aurait nul danger pour l'unité nationale et le bienfait serait

______

(1) Sir Robert Torrens s'est inspiré de l'institution connue en Allemagne sous le nom de *grundschuld*. (Voir *la Politique expérimentale*, p. 106.)

grand pour la colonisation; la métropole conserverait le pouvoir d'empêcher et n'aurait pas le devoir d'agir. Et il faut agir promptement; les colons attendent avec impatience la loi Torrens; en leur laissant la liberté de l'adopter, on resserrerait plus étroitement, au lieu de les affaiblir, le lien qui les rattache à la mère-patrie.

II

Nous venons, messieurs, de voir naître en Australie une loi féconde, permettant d'acquérir et de transmettre la propriété immobilière, comme on acquiert et l'on transmet un titre de rente, et nous avons montré les avantages que retirerait de l'adoption d'une pareille loi une colonie en voie de formation, un pays de nouveaux défrichements, tel que notre terre algérienne. Mais, s'il est bon d'acheter avec sécurité et de transmettre sans entraves, il est désirable aussi que le domaine acquis par le travail et par l'épargne, le foyer surtout, dont la possession est le prix et le couronnement d'une vie de labeur, soient soustraits à de brusques hasards, à des éventualités douloureuses venant détruire en un jour l'œuvre péniblement réalisée. Si nous traversons du Sud-Ouest au Nord-Est l'océan Pacifique, nous trouverons en vigueur, sur la terre américaine, une loi destinée à parer à ce danger.

On l'appelle la loi du *Homestead*.

Les nations modernes ont successivement adouci les rigueurs exercées contre le débiteur insolvable : c'est ainsi que ce dernier n'est plus contraint à payer de sa liberté, quand il ne peut payer de son argent. Les créanciers doivent se contenter des biens du failli; mais la loi leur permet de s'emparer de tout. En France une seule réserve existe, bien faible, il est vrai : la couchette du débiteur et les vêtements qu'il porte ne peuvent être compris dans la saisie. Quant à la demeure, elle est vendue avec les meubles qu'elle renferme au profit des ayants droit. La famille est frappée tout entière dans son existence; les divers membres en sont jetés sur le pavé; jeunes et vieux se trouvent, par la déconfiture de leur chef, non seulement sans ressources, mais encore sans abri; le foyer est quelquefois ainsi détruit à jamais. Les choses se passent autrement en Amérique, où le législateur a su allier, dans une juste mesure, dont l'équité n'est contestée par personne, les droits des créanciers avec ceux de la famille.

On désigne sous le nom de homestead l'exemption légale, en vertu de laquelle tout citoyen qui a pourvu sa famille d'un abri d'un foyer, d'un *home,* peut soustraire la maison qu'il occupe et le terrain sur lequel elle est bâtie à toute vente forcée, en exécution de jugements rendus contre lui. Il n'a, pour cela, qu'à faire une décla ration devant l'autorité compétente, par exemple le *recorder* (1) du comté. Cette déclaration est officiellement insérée dans le journal des actes publics ; elle est, en outre, habituellement reproduite dans des feuilles quotidiennes d'annonces que reçoivent les banquiers et les gens d'affaires.

La déclaration du chef de famille n'a aucun effet rétroactif ; elle ne peut servir à frauder les créanciers, à les priver d'un gage qui leur aurait été expressément ou tacitement promis. C'est ainsi que le domicile peut être vendu, si des jugements antérieurs à l'enregistrement de la déclaration ont fait encourir au propriétaire des responsabilités pécuniaires, si le vendeur du terrain ou de la maison, les entrepreneurs et les ouvriers qui ont travaillé, n'ont point été payés.

Le homestead ne constitue jamais un droit illimité. Un riche propriétaire ne pourrait, à la faveur du privilège qu'il confère, posséder de vastes immeubles et y vivre dans l'opulence en narguant ses créanciers. Le législateur a voulu protéger le foyer domestique, et non créer de scandaleux abus. Il a donc déterminé la valeur maxima du domaine pour lequel l'exemption légale peut être invoquée.

Les lois de homestead sont des lois locales ; elles varient d'un État à l'autre. On remarque entre elles des différences assez notables : d'une part, relativement aux maximum dont nous venons de parler ; d'autre part, en ce qui concerne les droits de la femme et des enfants. Le homestead une fois créé, le mari ne peut ordinairement ni l'aliéner ni l'hypothéquer sans le consentement de sa femme.

Après la mort du père il continue, le plus souvent, à protéger la veuve et même les enfants au-dessous de vingt et un ans, pourvu qu'ils ne cessent pas de résider ou foyer paternel.

J'ai constaté moi-même *de visu* les heureuses conséquences du homestead. Le nombre des chefs de famille propriétaires est très grand aux États-Unis. L'attrait qui pousse les ouvriers et les artisans laborieux à posséder la maison qu'ils habitent, s'y augmente de la sécurité dont cette possession jouit. Cette sécurité est pour

---

(1) Fonctionnaire chargé d'enregistrer les actes, tels que ventes, hypothèques, jugements, mariages, naissances, décès.

le chef de famille l'analogue de celle que l'Act Torrens procure à l'acheteur.

Un homme est doué des qualités qui donnent le succès : il possède le courage qui pousse à entreprendre, la persévérance qui fait produire, la prévoyance qui permet de conserver. Arrivé au terme de sa vie de travail, il peut se reposer avec les siens sous l'abri qu'il a construit; mais il a souscrit un engagement malheureux, il est atteint par une faillite inopinée. Tout serait à recommencer, lorsqu'il n'en a plus ni le temps ni la force, si la loi de homestead ne le protégeait pas contre l'irréparable malheur.

Voici un autre ménage : une chance inattendue, un héritage, que sais-je? vient lui apporter plus d'aisance. Le mari dissipera peut-être ce bien qu'il n'a pas gagné; il cède à une bonne pensée ou aux sollicitations de sa femme; il verse à une *Building society* la somme qu'il a touchée; il devient aussitôt propriétaire d'une habitation dont la possession est garantie contre lui-même et contre les autres.

On le voit, la loi du homestead n'est pas une loi d'exception pour le riche ; elle n'est pas destinée à couvrir de son aile les splendeurs de la fortune, mais seulement les justes nécessités de l'existence. Si elle rend la demeure insaisissable comme l'étaient les majorats des grands, sous l'ancien régime, tout au plus peut-on dire qu'elle institue, à certains égards, le majorat des petits. Si elle soustrait aux créanciers le foyer domestique comme notre loi leur soustrait les vêtements du débiteur, c'est qu'elle considère ce foyer comme un vêtement nécessaire, comme le vêtement de pierre de la famille.

De même que la loi Torrens, le homestead peut être cité comme un des meilleurs exemples d'expérimentation politique. Les imitations se sont faites successivement d'État à État ; elles ont donné partout des résultats si satisfaisants que l'exemption légale du domicile peut être considérée comme une des plus solides institutions américaines. Ce n'est pas tout : la portée de ces essais a été plus grande encore; elle a été telle qu'on aurait eu quelque peine à la prévoir en France. Grâce à leur organisation politique, les États-Unis arrivent, en cette matière, à l'unité sans uniformité, sans une uniformité qui n'était ni nécesaire, ni même désirable.

Trente-deux États au moins ont fait, à l'envi, l'expérience du homestead ; seize d'entre eux en ont inscrit le principe dans leur constitution. Mais les lois diffèrent par les détails. Tous les États ne se ressemblent pas : dans les uns, c'est l'agriculture, dans les autres, c'est l'industrie qui domine. Tantôt l'on doit se préoccuper des villes et tantôt des campagnes ; les terres et les immeubles ne possèdent pas partout la même valeur vénale. Les législations séparées permettent de mettre à la fois plusieurs systèmes à l'épreuve (1).

Les Anglais et les Belges se préoccupent en ce moment d'introduire le homestead chez eux. Serons-nous les derniers à entrer dans la carrière? En aucun pays l'application n'en serait plus profitable qu'en Algérie. Lorsque la poursuite de la fortune est ardente et la spéculation active, il importe que le domaine familial puisse être mis à l'abri des fluctuations et des défaillances.

Mais faudra-t-il attendre que le Parlement dote l'Algérie du homestead? Nous renouvelons en terminant le vœu que nous avons émis plus haut. Que les provinces algériennes aient le droit de modifier le régime de la propriété foncière ; elles s'approprieraient en même temps le homestead et l'Act Torrens comme deux institutions qui se complètent l'une par l'autre. Celle-ci facilitera l'affluence des capitaux, celle-là la conservation de l'épargne ; l'une rendra la colonisation plus active, et l'autre plus stable. (2)

LÉON DONNAT.
**Membre du Conseil municipal de Paris
et du Conseil général de la Seine.**

---

(1) Voir pour plus de détails : *Lois et mœurs républicaines*, Delagrave, éditeur.

(2) Le bureau de la Section d'économie politique de l'Association française pour l'avancement des sciences était composé comme il suit : M. Levasseur, membre de l'Institut, président d'honneur ; M. Léon Donnat, président ; M. Camille Sabatier, député d'Oran, vice président ; M. Armand Massip, directeur de *la France Commerciale*, secrétaire.

Le Mans — Typ. Edmond MONNOYER